AF257982

DISSERTATION
SVR
LES COMETES

A *Monsieur le* PROCUREUR GENERAL
DU GRAND CONSEIL.

Par M. MALLEMENT DE MESSANGE.

Sentiment du Peuple & de quelques Philosophes sur les mouvemens des Cieux, & les Phenomenes extraordinaires.

LES hommes ne voyant rien de plus beau, ny de plus brillant que les Cieux, & la haute Idée qu'ils ont de Dieu leur faisant penser, que c'est là qu'il fait sa principale demeure; ils luy attribuent bien plus immediatement ce qui se passe en ces lieux élevez, que ce qui arrive sur la terre. C'est pourquoy avant que le raisonnement aidé de l'experience eut eu le temps de découvrir les vertus secretes, qui font mouvoir les ressors de cette vaste machine, les anciens Philosophes pensoient, ou que les premiers des Dieux, par une application particuliere conduisoient eux mesmes les globes éclatans qu'on voyoit briller dans leur sejour ou que pour se décharger d'un soin qui auroit peut estre troublé leur souveraine indolence, ils s'en reposoient sur le ministere fidele d'un rang inferieur de Divinités; comme les Souverains de la terre se reposent sur leur Ministres des affaires de leurs Estats.

Cette opinion mesme n'est pas encore tellement abolie parmi nous, qu'il ne se trouve des gens qui croient que le cours des Astres n'est reglé, que parce que le soin en est commis à des intelligences celestes, qui sont attachées à cet office comme à leur naturel employ. Mais pour ce qui regarde les évenemens particuliers, & les Phenomenes extraordinaires qui paroissent dans les Cieux, comme ils sçavent que les hommes ne peuvent y avoir aucune part, & qu'ils ne croient pas ces Intelligences assez puissantes pour innover là quelque chose de leur pleine authorité, ces sortes de Philosophes aussi bien que tout le peuple, ne sçavent à qui en attribuer la cause, s'ils n'ont recours immediatement à Dieu. S'il arrive quelque chose de bizarre parmi les productions de la terre, ils diront bien que la nature peut s'estre oubliée en cette rencontre, & n'avoir pas esté assez exacte observatrice de ses loix: mais s'il paroist dans les Cieux un feu d'une nature extraordinaire, il faut que Dieu vienne de le produire ou pour donner aux hommes des marques de sa colere, ou pour faire soubçonner quelque accident qui doit suivre. Ainsi outre qu'un tel évenement est surprenant par luy mesme, une cause de cette nature augmente encore le miracle, & pour cette raison mesme trouve plus de credit dans l'esprit du peuple, qui aime tellement le prodigieux qu'il aime jusqu'à l'horreur quand elle tient du prodige.

Il est aisé de voir que ce sentiment est plustost un effet de l'imagination & de l'ignorance, que d'un raisonnement sçavant & judicieux. C'est pourquoy tout ce qu'il y a jamais eu de personnes versées dans la veritable Philosophie, ont pensé que la providence de Dieu ne mesurant pas les choses par nostre admiration, mais prenant un soin pareil de celles qui nous paroissent les plus communes & de celles qui nous surprennent les plus, laisse agir la nature suivant les loix qu'il luy a une fois données ; en sorte que les Phenomenes, que nous prenons mal à propos pour un effet de l'application particuliere de ce grand Estre, ne sont qu'une suite peu surprenante des regles de la nature. Et selon ce sentiment, la vertu qui conduit le cours ordinaire des Astres, est la mesme que celle qui conduit le cours des ruisseaux & les Zephirs dans nos Campagnes ; & la cause de ces feux nouveaux que nous voyons quelquefois paroistre au milieu des Cieux n'est point differente de celle qui nous en fait voir aussi quelquefois dans les entrailles de la Terre.

Definition des Cometes & Etymologie de leur nom.

Parmy les Phenomenes extraordinaires qui paroissent dans les Cieux, les Cometes peuvent tenir le premier rang. Le mot de Comete est un mot Grec qui signifie Chevelu. Les anciens ont donné ce nom à certains feux, qui semblables à des étoilles paroissent quelquefois dans les Cieux, & sont accompagnez de longues trainées de flammes en forme de queuë ou de chevelure ; mais ce terme a aquis depuis une signification plus étenduë ; car on entend proprement par le mot de Comete, des feux capricieux semblables à des étoilles, qui refusant de s'assujettir aux loix de l'Astronomie, tiennent dans leur cours des routes bizarres que cette science jusqu'icy n'a pas encore pû regler. Or ces Astres fantasques ne sont pas toûjours accompagnez de ces longues trainées de flammes ; mais il s'en trouve quelquefois qu'on ne distingue des autres étoilles que par une pâleur naturelle & par l'irregularité de leur cours

Ce qu'Aristote & quelques autres Philosophes ont pensé sur les Cometes.

Aristote prenant les Cometes pour des Meteores enflammez, a creu que c'étoit des feux engendrez des exhalaisons de la terre. D'autres ont pensé que c'étoit un amas d'étoilles qui se rencontroient dans leurs cours. Plusieurs ont eu encore diverses pensées là dessus. Mais il seroit inutile de les raporter, puis qu'ils ne les ont regardées eux mesmes que comme des conjectures tres incertaines, en attendant que les experiences des siecles à venir donnassent de l'éclaircissement sur une matiere si obscure.

En quel endroit du Ciel sont les Cometes.

En effet les découvertes de ces derniers siecles ont bien fait voir le peu de fondement de toutes ces opinions, enfantées dans un temps où le peu de Phenomenes qu'on avoit ne pouvoit produire que des raisonnemens tres imparfaits. Premierement le sentiment d'Aristote a esté renversé par une seule observation par laquelle on a reconnu la place que les Cometes ont dans le Ciel. Car si les Cometes estoient des Meteores, il faudroit qu'elles fussent au dessous de la Lune, & c'est où Aristote les avoit placées : mais les observations plus exactes nous ayant apris que ces Astres sont par delà Saturne mesme, où il est impossible que les exhalaisons puissent monter, ce sentiment n'a pû subsister, estant contraires aux Phenomenes. Pour cet amas d'étoilles qui a aussi trouvé des partisans, la Physique & l'Astronomie semblent le refuter de concert. Les

autres n'ont rien de plus soutenable : tellement que ce n'est pas dans l'antiquité
qu'il faut chercher de justes raisonnemens sur cette matiere.

Sentiment de Descartes sur les Cometes.

L'erreur des sentimens anciens n'a pas esté plustost reconnuë, qu'on s'est ef-
forcé d'établir de nouvelles hypotheses en la place de celles qui venoient d'estre
renversées. Et parce que l'Astronomie avoit decidé que ces Astres capricieux
estoient par delà Saturne, il ne fut pas difficile aux Philosophes de juger qu'ils
devoient les releguer à l'extremité des tourbillons. Ce fut mesme plustost un effet de l'experience que du raisonnement ; & une Loy donnée par les Astronomes, qu'un jugement rendu par les Philosophes. Mais le propre ouvrage des
Physiciens en cette rencontre fut de se soumettre à la necessité qui leur estoit
imposée, & de faire souscrire la Physique à ce nouvel établissement.

Tout leur soin fut donc de chercher par quel moyen ils pourroient expliquer
la formation de certains Astres, qui par les loix de la nature fussent obligez d'errer dans ces routes écartées ; & les plus éclairez de ce temps-là crurent qu'on ne
pouvoit pas mieux rencontrer qu'en disant, que ces Astres estoient des Soleils
encroutez, qui s'estant couverts d'écume, comme fait un pot quand il bout,
& cette écume estant venuë à se durcir comme une croute épaisse sur toute leur
superficie, s'estoient renfermez sous cette croute comme dans un Vaisseau bien
bouché, & puis s'estoient laissez emporter au gré des gouffres voisins, qui les
ayant poussez du centre jusqu'à la circonference, les menoient suivant les caprices de leurs flots dans tous les quartiers du monde, jusqu'à ce qu'enfin le vaisseau venant à se rompre, l'Astre delivré de sa prison recommençoit à former
quelque part un nouveau monde, c'est à dire un tourbillon nouveau dont il oc-
cupoit le centre, & où ayant perdu la qualité de Comete, il repandoit en
qualité de soleil sa lumiere comme auparavant.

Jugement sur cette Hypothese.

C'est M. Descartes ce grand philosophe qui est l'Autheur de
cette Hypothese, & il est vray qu'il n'y en a point où l'on puisse mieux expliquer tout ce que les Cometes peuvent avoir de regulier & d'irregulier dans leurs
cours. Ainsi pour ce qui regarde l'Astronomie, rien n'est plus juste que ce que
ce Physicien a imaginé en cette rencontre : mais pour ce qui regarde la Physique
il me semble qu'on n'en peut pas dire tout à fait autant. Car pour la formation
de ces Astres, je ne voudrois pas assurer qu'elle fust bien conforme aux regles de
la nature ; & pour les barbes, les queues, & les chevelures qui sont de tous les
Phenomenes des Cometes, ceux qui surprennent le plus & qui excitent davantage la curiosité des peuples, il faut avoüer de bonne foy que cet arrangement
artificiel & compassé des Globules, ces trois élemens bien instruits à joüer cha-
cun leur role, enfin ces sortes de refractions qui ne se font que dans les Cieux,
sont plûtô: des jeux d'esprits & des divertissemens d'une imagination qui s'égaye,
que des productions judicieuses d'un solide raisonnement ; & je ne trouve pas
non plus que ce qu'il peut y avoir encore de phenomenes outre ceux là, soyent
expliquez dans ce Systheme d'une maniere plus naturelle & plus vray-semblable.
Quoy qu'il en soit, ce sentiment toutefois a du magnifique & du grand ; les mots
qui y entrent sont beaux. Et comme j'ay aussi-bien que les autres le deffaut de
donner dans les choses qui brillent, je l'aimerois peut-estre davantage si en fait

de Phyſique je pouvois moins aimer le naturel & le vray ſemblable. Mais parce que je ſuis peut eſtre trop ſcrupuleux là deſſus, j'aime mieux me priver du plaiſir de ſuivre une opinion ſi pompeuſe, pour en prendre une autre qui n'a rien de ſi brillant, mais qui paroiſt beaucoup plus conforme au caractere aiſé & à la ſimplicité de la nature.

Nouveau Syſteme des Cometes & premierement de leur formation.

A raiſonner d'abord ſimplement ſur ce qui paroiſt, la veuë des Cometes & le témoignage de nos yeux ſemble nous perſuader que ce ſont des étoilles ſemblables à nos Planetes; & tout ce qui peut detourner nos ſens de cette penſée, ce ſont ces longues trainées de flammes & cette pâleur qui ternit le brillant de la Comete. Mais pour peu que le raiſonnement ſe mette de la partie, la meſme choſe qui ſembloit arreſter l'imagination & la tenir en balance, eſt ce qui porte la raiſon à ne faire aucune difference entre les Planetes & les Cometes, ſi ce n'eſt par la bizarrerie & l'irregularité de ces dernieres.

Premierement pour ce qui regarde leur formation, il n'y a rien de plus inutile que de la ſuppoſer differente, ni rien qui renverſe davantage la juſte œconomie de la veritable Phyſique; puis que les principes les plus clairs & la Mecanique la plus ſimple qu'il ſoit poſſible d'imaginer nous perſuade par les plus fortes de toutes les conjectures, qu'au commencement du monde, aprés que Dieu eut donné le premier branle à la matiere, la meſme loy de mouvement qui forma les Planetes par la rencontre neceſſaire d'un grand nombre de parties crochuës & rameuſes, qui flottoient en differente quantité dans les differens étages de chaque tourbillon, forma auſſi des Cometes par un pareil aſſemblage des parties rameuſes & propres à s'accrocher. Et on verra dans la ſuite comment cette ſuppoſition, dont la vray-ſemblance eſt ſi grande, la Mecanique ſi exacte, & la ſimplicité ſi naturelle, ſans aucun ſecours étranger, explique parfaitement tous les Phenomenes quelque difficiles qu'ils puiſſent eſtre.

Phenomenes des Cometes.

Phenomene eſt un mot Grec qui ſignifie aparence: or voicy quelles ſont à peu prés les aparences ou les phenomenes des Cometes. Premierement l'Aſtronomie ne pouvant déterminer leur éloignement, juge par là qu'il eſt prodigieux: parce que la Paralaxe, qui eſt une regle de Geometrie dont l'Aſtronomie ſe ſert, donne le moyen de connoiſtre l'éloignement des objets inacceſſibles, pourveu que ces objets ne ſoient pas à des diſtances preſque infinies.

2. L'étoille qu'on appelle la teſte de la Comete, & qui eſt proprement la Comete meſme, paroiſt fort groſſe par raport à ſon prodigieux éloignement.

3. Sa lumiere ne brille point comme celle des étoilles du Firmament.

4. Elle n'eſt pas meſme ſi claire que nos Planetes, mais elle eſt toûiours fort paſle, comme ſi on la voyoit à travers quelque nuage.

5. Elle paroiſt quelquefois envelopée comme d'une certaine petite vapeur rougeâtre, qui ne s'étend pas fort loin & qui ſe confond preſque avec elle.

6. Cet Aſtre paroiſt ordinairement accompagné d'une queuë, d'une barbe, ou d'une chevelure.

7. Jamais il ne paroiſt une queuë & une barbe tout à la fois, ni jamais la queuë ou la barbe ne paroiſſent avec la chevelure.

8. La queuë ni la barbe ne ſe trouve jamais entre la Comete & le ſoleil; mais toûjours du coſté oppoſé au ſoleil.

9. La

9. La chevelure qui est une flamme dont la Comete semble toute environnée ne paroist jamais que lors que la terre est entre le Soleil & la Comete.

10. La queuë se peut changer en barbe, la barbe en queuë, l'une & l'autre en chevelure, & la chevelure se peut changer pareillement en barbe & en queuë.

11. Quand la barbe ou la queuë sont excessivement longues, elles paroissent courbées.

12. La queuë ou la barbe dans toute sa longueur a quelquefois un costé plus renforcé que l'autre.

13. La chevelure quelquefois paroist plus longue d'un costé que d'un autre.

14. La queuë, la barbe, & la chevelure ne paroissent pas toûjours de la même couleur.

15. Quand la Comete est plus proche du soleil, la trainée paroist plus pâle, & quand elle en est plus loin, elle paroist plus brillante.

16. La Comete par son mouvement propre semble ordinairement décrire une ligne droite.

17. Son cours paroist ordinairement plus precipité dans son milieu que dans son commencement & dans sa fin.

18. La Comete paroist ordinairement plus brillante vers le milieu de son cours que vers le commencement, & ensuite elle diminüe peu à peu jusqu'à ce qu'elle disparoisse tout à fait.

19. A mesure que la Comete par son mouvement propre s'éloigne du soleil, sa queuë diminüe & sa teste augmente jusqu'à un certain éloignement, & en suite, comme on a dit, la teste & la queüe diminuent ensemble peu à peu jusqu'à ce qu'elles disparoissent.

20. Il paroist quelquefois des trainées de feu semblables aux queües des Cometes, sans qu'il paroisse aucune Comete.

21. Quelquefois au contraire, il paroist des Cometes sans barbes ny queües ny chevelures.

22. Les Cometes n'ont pas comme les autres planetes leurs routes tracées dans la largeur du zodiaque, mais sans se soucier des chemins frequentés elles prennent plaisir à errer dans des routes inconuës; & vont ainsi sans égard par tous les endrois du Ciel, vers l'Orient l'Occident, le Septentrion & le midy.

23. Vne Comete ne semble jamais faire tout le tour du Ciel comme nous le voyons faire aux autres planetes, mais il est rare qu'elle en parcoure plus d'une troisiéme partie, ny qu'elle paroisse plus de six mois.

24. Il y a des Astronomes qui trouvent de la regularité dans le cours des Cometes, & qui disent, que les mesmes ont accoutumé de revenir toûjours faire le mesme tour aprés un certain nombre d'années.

25. Vne Comete peut estre veuë de tout un Himisphere c'est à dire de toute une moitié de la Terre, pourveu que le Soleil ne l'empesche pas: Mais quelquefois le Soleil peut la derober à certains peuples sans la derober aux autres.

26. Il est plus rare d'en voir paroistre l'esté que l'hyver, &c.

EXPLICATION DV PREMIER ET DV SECOND PHENOMENE:

Que les Cometes sans parler des feux qui les accompagnent sont les plus gros de tous les astres.

Ie reprens icy ce que j'ay dit en parlant de la formation des Cometes. Comme

Il ne se pouvoit pas faire qu'il ne se formât plusieurs corps solides dans le sein de chaque tourbillon, aussi estoit-il difficile qu'ils fussent tous de la mesme grosseur, & qu'il n'y en eût pas de plus gros & de plus petits suivant que les parties Crochues pouvoient se rencontrer l'une l'autre, en plus grand nombre en un endroit qu'en un autre. Or il semble que les endroits où elles devoient s'entrelacer en plus grand nombre, & par consequent former les plus gros corps, c'estoit vers la circonference des tourbillons, parce que les espaces y estant beaucoup plus grands que dans les estages inferieurs, il devoit y avoir en ces endroits là un bien plus grand nombre de parties rameuses & propres à s'accrocher ; Mais en quelque endroit que les plus gros corps ayent esté formez soit vers la circonference soit auprés du centre, il est toûjours constant que tost ou tard ils ont dû se placer les plus prés de la circonference, & cela par une loy du mouvement qui veut que les corps qui voguent dans un tourbillon s'aprochent de la circonference à proportion de leur masse, tellement que si quelques corps ont pû estre placez à l'extremité des tourbillons, il faut que ce soit les plus gros de tous. Il ne faut donc pas s'estonner si les Cometes qui sont à l'extremité des tourbillons puisqu'elles sont vray-semblablement par delà Saturne, ne laissent pas malgré leur éloignement de nous paroistre encore si grosses, puisque selon les loix de la nature ces astres doivent estre les plus gros de tous les corps, & par consequent les plus gros de tous les astres.

Explication du troisiéme Phenomene.

Ces planetes irregulieres ayant donc pris la circonference & roulant par consequent entre deux tourbillons, elles ne sçauroient manquer de tourner sur leur propre centre comme une boule qu'on feroit rouler entre les deux mains, ainsi elles doivent exciter à l'entour d'elles des tourbillons particulieres dans lesquels suivant les loix de ces sortes de tourbillons les parties les plus subtiles sont portées plus prés de la circonference, & les plus grosses demeurent plus prés de la planete qui tourne au centre, comme nous le voyons par experience dans l'air qui est le tourbillon de la terre ; car à mesure que nous nous élevons nous trouvons un air plus subtile, & nous trouvons un air plus grossier à mesure que nous descendons plus prés de la terre.

Mais les tourbillons particuliers des Cometes estant dans l'extremité des grands tourbillons du monde sont composés d'une matiere bien plus grossiere que n'est l'air, & que n'est mesme aussi le tourbillon de Saturne, & outre cela comme la Comete par le mouvement qu'elle a sur elle mesme envoye à la circonference les plus subtiles parties & garde les plus grosses plus prés d'elle, son corps doit estre environné des plus grosses parties de matiere qui soient dans tout le fluide de l'univers. Cela estant, il ne faut pas s'estonner si elles ne brillent pas comme les estoilles du firmament ; car dans la place où elles sont elles ne peuvent avoir à nostre égard aucune lumiere par elles mesmes, mais seulement par le moyen de la lumiere du Soleil, qu'elles nous reflechissent de sorte qu'étant toûjours envelopées d'un epais brouïllard qui est le tourbillon grossier qui les environne elles ne sçauroient manquer de nous paroistre pâles comme une estoille qu'on verroit à travers quelque nuage : c'est aussi ce qui fait qu'on découvre quelquefois autour de la teste comme une certaine petite vapeur rougeâtre qui ne s'estend pas fort loin, & qu'on confondroit avec elle si on ne prenoit bien soin de la distinguer.

De la barbe, de la queüe, & de la chevelure des Cometes.

Ce phenomene eſt de tous les phenomenes des Cometes le plus beau, le plus ſenſible. celuy qui donne le plus d'admiration, & celuy qui a le plus embaraſſé tous les Philoſophes : on peut meſme diré que malgré leurs infatigables recherches & toutes les ſupoſitions que leur ont pû fournir leurs meditations obſtinées, il n'y en a jamais eu aucun qui ait pû en donner une explication recevable : & cependant par je ne ſçais quel hazard je les ay conſiderées d'une maniere ſi heureuſe qu'il ſemble que j'aye moins cherché l'explication de ce phenomene qu'elle ne m'a cherché ; puiſque ſans une aplication particuliere & ſans aucun effort d'imagination je l'ay veu naiſtre de mes principes & ſe preſenter à moy d'une maniere qui paroiſt la plus ſimple, la plus mecanique, & en un mot la plus naturelle qu'on puiſſe deſirer ſur cette matiere.

Il y a des Cometes qui ont une barbe, d'autres qui ont une queüe, & d'autres qui ont une chevelure, & ces trois ſortes de Cometes n'ont rien de different par elles meſmes, mais ſeulement par raport à nous ; Car ce qui fait ces aparences diverſes ce n'eſt autre choſe qu'une longue trainée de feu, qui aboutiſſant à cet aſtre s'étend du coſté opoſé au Soleil, & va toûjours en s'élargiſſant.

Or lorſque cette trainée ſuit la Comete dans ſon cours diurne qui eſt d'Orient en Occident, nous lui donnons le nom de queüe, & lors qu'elle la precede le nom de barbe.   Si donc la Comete commence à paroiſtre le matin, comme elle precedera le Soleil, la trainée de feu ne s'étendant jamais entre le Soleil & la Comete, mais toûjours du coſté opoſé au Soleil, precedera la Comete en allant vers l'Occident & ſera apellée ſa barbe.   Au contraire ſi la Comete commence à paroiſtre le ſoir, comme elle ſuivra le Soleil vers l'Occident elle ſera elle meſme ſuivie de la trainée de flames qui par cette raiſon s'apellera une queüe.   Mais ſi la Comete en quelque façon ne ſuit ny ne precede le Soleil, ſe trouvant Diametralement opoſée à cet aſtre, c'eſt à dire que le Soleil ſoit autant au deſſous de nous que la Comete ſera ſur nous, alors on ne la verra ny ſuivie ny precedée d'aucune trainée, mais ſeulement environnée de flames de tous coſtés : & cependant cette Comete qui paroiſt aux yeux ſi differente des autres n'eſt point d'une autre ſorte que ſi elle avoit une queüe ou une barbe ; Car effectivement elle a une trainée de feu comme les autres, & cette trainée s'étend pareillement du coſté oppoſé au Soleil : mais cette reſſemblance qu'elle a avec les autres Cometes eſt ce qui fait qu'elle en paroiſt differente, parce que comme nous nous trouvons alors entre le Soleil & la Comete, nous ne ſçaurions voir la longueur de cette trainée à cauſe que cette longueur nous répond en ligne droitte derriere le corps de la Comete. Mais cependant comme cette trainée eſt large nous voyons ſa largeur deçà & delà la teſte de la Comete, & c'eſt ce qu'on apelle la chevelure, qui par cette raiſon ne s'étend jamais fort loin. Tout cecy s'entendra plus aiſement, ſi on veut prendre la peine d'examiner la premiete figure.

a Soit la terre *p q* l'Horizon, *p* l'Orient, *q* l'Occident. Si la Comete qui va d'Orient en Occident par *c* ſe trouve en *b*, le Soleil eſtant en *e* il eſt aiſé de voir qu'elle commencera à paroiſtre le matin, & côme elle doit toûjours avoir la trainée du costé opposé au Soleil, on doit conclure qu'alors sa trainée, comme on voit en cette Figure, la precedera vers l'Occident, & par consequent sera une barbe.

Si au contraire le Soleil estant en *g* la Comete se trouve en *d*, il est visible qu'elle commencera à paroistre sur le soir peu de temps après le Soleil couché: tellement que sa trainée la suivra vers l'Occident & sera une queüe comme on voit dans cette Figure.

Mais si la Comete est en *c* le Soleil estant en *f* comme la trainée, ne repondra alors ni devant ni après l'étoille, mais justement derriere en ligne droite à nostre égard l'étoille paroistra comme au milieu des flammes dont elle est accompagnée & sera appellée Comete chevelüe. Voilà de quelle maniere les differens aspects des Cometes leur font donner differens noms, & l'on voit par là que la trainée de celle qui paroist presentement est une queüe & non pas une barbe ni une chevelure.

Sur ces Phenomenes tels que je viens de les expliquer & qu'ils paroissent à nos yeux, forcé par une certaine évidence que je ne puis démentir; Malgré toute la defiance que j'ay de moy-mesme, je n'ay pas crû estre temeraire d'avancer que personne jusqu'ici n'a donné une explication supportable des feux qui accompagnent les Cometes, & qu'il ne peut pas y en avoir de plus naturelle que celle que j'en donne par le tourbillon épais que je decouvre autour d'elles. Cette maniere leve toutes les difficultez & rend des raisons plausibles de toutes les apparences. ce qui est la marque la plus asurée de la verité d'une hypothese. Car tant s'en faut que ce soit une supposition faite exprés pour ces trainées de feu que les plus grands Philosophes ont si inutilement tâché d'expliquer, qu'au contraire tous les autres Phenomenes comme d'un commun accord, semblent la demander tout à la fois & en établir tous ensemble la necessité par leurs besoins. la formation de ces étoiles, leur place dans le ciel, leur lumiere qui ne brille point, leur pâleur naturelle qui fait qu'il semble toûjours qu'on les voye à travers quelques brouillards, cette certaine vapeur rougeâtre qui les enveloppe legerement, la disposition de ces trainées, leur figure de glaive, cette lumiere qui paroist plus forte à un de leurs costez qu'à l'autre, leur extremité un peu courbée quand leur longueur est extraordinaire; Enfin les effets mesmes des Cometes, s'il est vray qu'elles en ayent, ne sçauroient se passer en aucune maniere de la supposition par laquelle je vas rendre raison des flammes qui les accompagnent: tellement qu'il semble que ce soit moins une supposition qu'une consequence necessaire de l'aparition de ces Astres.

La Comete luisant par la lumiere du Soleil non seulement elle nous la refléchit, mais cet air grossier qui l'environne semblable à une nüe épaisse, nous la refléchit aussi avec quelque modification de couleur, comme nous voyons que les nues qui s'élevent dans l'air nous la refléchissent souvent. Mais il faut montrer à present pourquoy cette reflexion patoist comme une trainée triangulaire & non pas une boule brillante puis que le tourbillon est rond: pourquoy cette trainée est toûjours du costé opposé au Soleil, & enfin pourquoy lors que la trainée nous repond en ligne droite derriere la Comete, la terre estant entre la Comete & le Soleil, la Comete nous paroist par l'optique toute environnée de feu: au lieu que la trainée paroissant naturellement estre platte

il semble qu'en cette rencontre la Comete devroit paroistre seulement avec
deux petites trainées de flâmes, une de chaque costé. Tout cecy est comme
renfermé dans l'explication du sixiéme Phenomene.

Explication du sixiéme Phenomene.

Ce qui a le plus embarassé les nouveaux Philosophes pour expliquer la queuë,
la barbe, & la chevelure des Cometes, c'est qu'ils ne pouvoient rien dire d'elles qu'il ne semblât qu'on en pût dire autant des Planetes de nostre tourbillon:
mais par le moyen de cet air grossier que je découvre autour d'elles, & dont la
Mecanique veut qu'elles soyent environnées, cette difficulté ne subsiste plus.
Toutefois, dira quelqu'un, si ce sentiment a quelque chose de specieux & de sensible, il ne laisse pas d'avoir ses difficultez, & en voicy une qui vient aisément
dans l'esprit: pourquoy ce tourbillon qui est presque également répandu à l'entour de la Comete, ne reflechit il pas la lumiere tout au tour d'elle, au lieu
de ne faire voir que cette longue trainée dont elle semble suivie?

Il est vray que c'est une objection qui se presente sans beaucoup de reflexion;
mais si on en faisoit beaucoup, peut estre en verroit on aisément le foible. Et
je demande à mon tour pourquoy les nuages où le Soleil produit l'arc en ciel,
estant fort larges & fort étendus, ne nous font voir qu'un bandeau si étroit, &
ne nous reflechissent pas la lumiere dans toute la largeur de leur étenduë.

Cette seule réponse pourroit suffire, puisque c'est assez pour montrer la possi-
bilité d'un effet, d'en faire voir un semblable qui ne puisse estre contesté. Cependant je veux bien venir à la preuve par une voye encore plus precise, pourveu qu'on veüille aussi s'assujettir à jetter quelquefois les yeux sur la seconde figure.

Soit t la terre s le Soleil c la Comete m n o p le tourbillon dont la Comete est
environnée, j'avouë que la lumiere du Soleil ne frappe pas moins chaque petit
corps du tourbillon de la Comete, qu'elle frappe la Comete mesme, ou du
moins qu'elle ne frappe pas moins le devant de ce tourbillon n o que le derriere
m p; & par consequent le devant ne doit pas moins reflechir la lumiere du Soleil
que le derriere la reflechit: mais il ne s'ensuit pas delà que nous devions voir une
trainée de feu entre la Comete & le Soleil, comme nous en voyons une dans le
costé opposé, & voicy quelle en est la cause.

Le Soleil éclairant la moitié du corps de la Comete, comme chaque point
éclairé reflechit la lumiere tout autour de soy, le point a & le point b doivent
reflechir jusques par de là la ligne a m & la ligne b p; mais il faut remarquer qu'à
cette ligne ou environ, ce qui est reflechi de lumiere est si foible, qu'il ne doit
point estre consideré du tout. Ainsi nous dirons seulement que la Comete reflechit la lumiere du Soleil sur tout l'espace de son tourbillon depuis m par n & o
jusques à p. Or les rayons que la Comete reflechir par tout cet espace rompant
le cours de ceux que tout cet espace pourroit reflechir, ils empeschent que cet
espace nous paroisse lumineux; de mesme que la lumiere du soleil rompant les
rayons de toutes les estoilles, empeschent qu'elles ne luisent durant le jour.

On m'objectera qu'il semble cependant que la reflexion de la Comete loin de
nous empescher de voir la lumiere que le tourbillon reflechit, devroit au contraire
le faire paroistre plus lumineux, & en augmenter l'éclat, comme deux chan-
delles ensemble éclairent plus qu'une seule.

C

Il eſt vray que deux lumieres enſemble donnent plus de clarté que s'il n'y en avoit qu'une. Mais une petite lumiere s'affoiblit toûjours devant une plus grande: tellement qu'il ne faut pas s'étonner que celle des petits corps du tourbillon de la Comete qui ſont des points en comparaiſon de cette prodigieuſe maſſe, ſoit affoiblie par celle de la Comete meſme qui eſt infiniment plus forte.

On me répondra que cela ſe peut aux endroits du tourbillon qui ſont proches de la Comete, mais qu'il eſt impoſſible que ſa lumiere qui s'affoiblit à meſure qu'elle s'éloigne du corps qui la refléchit, faſſe la meſme impreſſion ſur les rayons des corps qui compoſent l'extremité de ſon tourbillon : d'autant plus qu'outre qu'ils ſont plus éloignez de la Comete, ils ſont encore plus prés du Soleil dont ils tirent toute leur force.

Je répons à cela que l'action de la lumiere que refléchit la Comete a moins de force à la verité vers l'extremité de ſon tourbillon que vers le centre : mais auſſi les corps vers cette extremité ſont beaucoup plus petits que vers le centre; ce qui fait que l'action de leur reflexion eſt bien plus aiſée à rompre, & s'ils reçoivent de plus prés la lumiere du Soleil, auſſi ne voyons nous pas ſi à plein leur partie éclairée que nous devons voir d'autant moins qu'ils ſont plus prés du Soleil : de ſorte que ſi la Comete peut rompre la reflexion de ceux qui ſont les plus prés d'elle, elle ne doit pas trouver beaucoup plus de reſiſtance à rompre le peu de reflexion que nous pouvons recevoir de ceux qui ſont plus prés du Soleil.

Si on veut ne me faire aucun quartier & me nier que la reflexion de la Comete puiſſe aneantir celle des petits corps qui ſont prés d'elle, je croy qu'il n'y a plus que l'experience qu'on puiſſe apporter en cette rencontre : & parce que j'ay deſſein d'en paſſer par où l'on voudra, je m'y ſouſmets volontiers. Je dis donc que la queuë de la Comete eſt une reflexion de ſon tourbillon à peu prés ſemblable à celle qui ſe fait dans l'air d'une chambre obſcure, lors que, la nuit, on tient un flambeau à la porte & qu'il y a quelque legere ouverture par où la lumiere peut paſſer.

On voit un rayon qui s'étend dans la chambre, d'une figure meſme aſſez ſemblable à celle de ces trainées dont la Comete eſt ſuivie; & ſi dans cet air illuminé par le flambeau & que je conſidere comme le tourbillon d'une Comete éclairé par le Soleil, on vient à mettre la main ou quelque autre corps capable de refléchir, le rayon diſparoit dans l'eſpace qui ſe trouve entre ce corps & le trou d'ou vient la lumiere : C'eſt ainſi que l'éclat que le tourbillon de la Comete paroiſt rendre, diſparoit entre la Comete & le Soleil par la reflexion du corps meſme de la Comete.

Il eſt vray que ſi on mettoit la main loin du trou de la porte, le rayon ne diſparoiſtroit pas dans tout l'eſpace compris entre la main & la porte, mais ſeulement auprés de la main; & cela vient de ce que la reflexion de la main eſtant d'autant moins forte que la main eſt plus loin de la porte, l'air cependant n'a pas des parties plus ſubtiles ny qui refléchiſſent moins fort la lumiere auprés de la porte qu'auprés de la main; au lieu que dans le tourbillon de la Comete plus les corps ſont éloignez d'elle plus ils ſont ſubtils & nous refléchiſſent moins de lumiere.

Il eſt donc manifeſte par là qu'on ne doit pas voir un globe à l'entour de la Comete, mais ſeulement une trainée, qui eſtant formée dans un tourbillon rond doit eſtre de figure conique, c'eſt adire de la figure d'un pain de ſucre, bien qu'elle nous paroiſſe de figure plate & triangulaire. Et cet endroit doit eſtre bien remarqué, parce que c'eſt la raiſon pour laquelle quand la Comete eſt opoſée au Soleil elle ſemble cheveluë, c'eſt à dire toute environnée de feu, au lieu que ſi la traiſnée eſtoit plate comme elle nous paroiſt, on verroit ſeulement une petite trainée de feu de part & d'autre de la Comete & non pas une couronne, comme on la voit. Car cette courône n'eſt autre choſe que la baſe de ce cone qui déborde ainſi par l'oprique tout autour de la Comete, derriere laquelle il répond en droite ligne à noſtre égard. Au reſte quand on voudroit encore reſiſter contre cette explication de la queüe, de la barbe & de la chevelure des Cometes, on ne ſçauroit diſconvenir du moins que les rayons du Soleil peuvent entrer de telle maniere dans ce tourbillon épais que ſe rompant & ſe ramaſſant vers le centre comme dans un foyer, ils en ſortent enſuite tous enſemble, s'élargiſſant d'autant plus qu'ils aprochent plus de la circonference, & on peut voir quelque choſe de ſemblable à cela dans une boule de verre.

Enfin parce qu'il n'y a rien de plus infiny que les objections qu'on peut faire en matiere de Phyſique, & que s'il eſtoit poſſible j'aurois deſſein de répondre à tout; Pour ne rien laiſſer au moins de raiſonnable vuidons encore une difficulté qui vient de la prodigieuſe longueur de la queüe de certaines Cometes, & particulierement de la derniere que nous avons veüe. Quelle apparence dirat-on que le tourbillon d'une Comete ait plus de ſoixante degrez de Diametre, & cela dans un éloignement ſi prodigieux? Cette propoſition ne ſe détruit-elle pas d'elle meſme, & ne ſuffit-il pas de l'expoſer pour la refuter?

Quoy que la queüe de la Comete ait paru avoir plus de 60. degrez de long, il ne s'enſuit pas pour cela que le tourbillon dans lequel je pretens qu'elle ſe forme ait ſoixante degrés de demy Diametre, & en voicy la raiſon.

Ce que j'appelle le tourbillon d'une Comete, c'eſt une matiere extremement groſſiere dont elle eſt envelopée, & qui tourne avec elle comme l'air tourne avec la planete que nous habitons; & je conçois ce tourbillon terminé dans l'endroit où la matiere agitée par cet aſtre eſt portée enfin ſi lentement qu'on peut bien dire qu'elle eſt pouſſée par cet aſtre, mais non pas qu'elle tourne avec luy. Or il eſt conſtant que la matiere que la Comete agite ſe doit répandre fort loin; & ſi une Comete a des influences, ce ne peut eſtre autre choſe que des parties de cette matiere qu'elle pouſſe juſqu'à nous par la prodigieuſe impetuoſité de ſon mouvement.

Cela eſtant, dirons nous que cette matiere portée ſi loin eſt encore le tourbillon de la Comete? Non ſans doute: on dira bien ſi on veut qu'elle vient de ce tourbillon; mais non pas qu'elle ſoit ce tourbillon meſme.

Or apres cela il faut prendre garde que ſi la Comete peut pouſſer fort loin quelque matiere, cette matiere eſt plus groſſiere que celle des lieux dans leſquels elle eſt pouſſée, puiſqu'elle paſſe des eſtages ſuperieurs du grand tourbillon dans les eſtages inferieurs: & cela poſé, il arrive à l'égard des Cometes à peu prés la meſme choſe que nous voyons ſouvent arriver chez nous lors qu'on à fait de la poudre dans une chambre, & que ces corpuſcules groſſiers & terreſtres ayant esté agités se sont meslés dans la pureté de l'air. On voit de grandes traînées venir des fenestres, & s'étendre dans la chambre, parce que la lumiere du jour refléchissant plus fort de dessus ces corps grossiers meslés dans l'air que des subtiles parties de l'air mesme, fait qu'on distingue aisément la reflexion sensible de ces corps d'avec la reflexion beaucoup plus foible, & comme insensible, que peuvent faire les parties de l'air. Il en est de mesme de la Comete. Comme cet astre, outre qu'il fait tourner autour de luy de la matiere grossiere, en répand encor fort loin avec un moment irregulier & bizarre; Cette matiere se meslant dans les espaces inferieurs qui sont beaucoup plus fins & plus purs, reflechit les rayons du Soleil, d'une maniere qu'il est aisé de distinguer de la reflexion de la matiere plus pure dans laquelle elle est meslée. Ainsi l'on voit que la trainée qui accompagne la Comete peut aisément s'étendre par delà son tourbillon, & par consequent estre plus longue que son demy diametre.

Enfin cette matiere ne tournant pas avec la Comete, doit prendre sa route du costé qu'elle trouve moins de resistance. Ainsi comme elle en trouve moins vers les espaces inferieurs du tourbillon, parce que ce qui est plus subtile cede plus aisément, elle y descend plus volontiers qu'elle ne monte vers la circonference; C'est pourquoy, comme elle se porte en bas, la derniere Comete a paru avec une queuë, dont une grande partie estoit fort droite, & dont la fin sembloit se courber comme si la queuë en cet endroit eût commencé à descendre.

Tout cela pouroit paroistre assez vray semblable, dira quelqu'un; Mais il y a de la peine à concevoir comment cette Comete peut pousser si loin la matiere grossiere dans laquelle elle tourne.

Si le raisonnement sur ce sujet ne suffit pas, l'experience en est familiere. Il m'est arrivé quelquefois de voir dans le fond d'un clair ruisseau un petit animal se rouler dans un sable tres fin, mais grossier en comparaison de la pureté de l'eau qui couloit dessus; ce petit animal par son mouvement qui n'estoit pas si grand assurement que celuy d'une Comete aprés avoir formé autour de luy à une mediocre estenduë comme un petit nuage de sable, il le poussa si loin que cette eau la plus belle & la plus claire qu'on vit jamais, fut en un moment toute troublée, dont les petits poissons qui y estoient en fort grande quantité purent sans doute estre incommodés, comme nous le serions d'un mauvais air qu'on nous feroit respirer; puisque nous sommes justement dans l'air comme les poissons sont dans l'eau.

S'il est donc permis de faire une côparaison, ce ruisseau est un air ou une matiere celeste; le sable du fond est la matiere grossiere releguée à l'extremité, & comme au fond du grand tourbilon, & le petit animal sera une grosse Comete qui se veautre dans cette fange. Elle en excite un nuage à l'entour d'elle, & par son mouvement la pousse si loin, que tout le plus pur fluide du grand tourbillon en est infecté, & que les hommes mesmes en peuvent recevoir de l'incommodité. Quelle difficulté y a t'il à concevoir que cette matiere grossiere qui a pris peu à peu la circôferance puisse estre déplacée par le mouvemét d'un corps aussi prodigieux, & aussi rapide qu'une Comete, lorsque nous voyons qu'un grain de musc, une fleur, qui sont des choses si tranquilles & si delicates, repandent si loin dans leur repos apparent les parties de matiere qui font leur odeur. On ne sçauroit donner un coup pour nettoyer une chambre poudreuse

ðreuse qu'on n'éleve jusqu'au plancher la poudre qui a une pente naturelle vers
le bas d'où elle s'éleve. Cette poudre quoique grossiere est avec les parties de l'air
presque en un certain equilibre; pour peu qu'on l'aide elle l'emporte. Il en est de
mesme d'un sable fin, à l'égard de l'eau qui l'arrose, & de la matiere grossiere de
l'extremité du grand tourbillon à l'égard de celle qui remplit les espaces inferieurs
du monde.   *Explication des Phenomenes depuis le 6. jusqu'au 16.*

L'explication de Phenomenes que nous avons raportés par ordre depuis le 6.
jusqu'au 6. est réfermée dãs ce qui viét d'estre dit à l'occasion du 6. s'il y a quelque
chose dõt on n'ait pas fait une discussiõ particuliere, on la peut faite soi même aise-
mēt en considerant la prem. & la seconde figure. J'ajoûteray seulement que ce qui
fait que la queüe, la barbe & la chevelure ne sont pas toûiours de la mesme couleur, sont des refractions qui arrivent dans le tourbillon de la Comete. Que la
lumiere plus forte d'un costé que d'un autre est un effet de l'optique à cause du
biais dont la queüe est tournée vers nous. Que par un semblable effet de l'optique lors que la comete est plus prés du Soleil la trainée paroist plus pâle, &
plus brillante lors qu'elle en est plus éloignée, parce qu'alors cette queüe
estant plus droite à nostre égard, il s'en faut moins que les points ne se
répondent par raport à nous perpendiculairement les uns aux autres, & cela
augmente pour nous la force de leur lumiere. Qu'on me le conteste, j'en
prens àtesmoin ces grands rayons que le Soleil forme quelquefois dans l'air
de nos chambres, si on veut prendre la peine de les considerer de differens biais,
on aura le plaisir de voir une experience de ce que j'avance. C'est mesme aussi ce
qui fait que lors que la Comete est oposée au Soleil on distingue à l'entour d'elle
les extremitez de la largeur de sa trainée sans que la lumiere du corps de la Comete puisse interrompre leur reflexion.

Explication du reste des Phenomenes.

Soit que la Comete ne parcoure jamais que la circonference d'un tourbillon,
soit qu'elle en embrasse plusieurs par sa revolution periodique, il est difficile
que nous la voyions avant qu'elle ait atteint la circonference du nostre, puisque
ne luisant que par la lumiere du Soleil, il n'y a pas d'aparence qu'elle puisse nous
la refléchir de si loin. Si l'on veut donc jetter les yeux sur la 3. fig. on verra que
si nous sommes en a nous ne sçaurions guere la voir avant qu'elle arrive en *d*, tellement qu'elle ne paroist que depuis *d* jusqu'à *c*, & par là on peut voir premierement qu'elle doit paroistre ordinairement decrire une ligne droite. 2. qu'elle
droit paroistre aller plus viste vers le milieu de son cours que vers le commencement & la fin. 3. que sa lumiere & sa grosseur doivent paroistre augmenter peu à
peu depuis le commencement jusqu'au milieu de son cours, parce que durant
ce temps là la Comete approche de nous. 4. qu'elles doivent paroistre diminuer
depuis le milieu jusqu'au bout, parce qu'alors la Comete s'éloigne de plus
en plus.

Cette hypothese semble favoriser l'opinion de ceux qui croient que le cours
des Cometes est réglé, & qui disent que celle qui paroist presentement paroist
de cent 3. ans en cent 3. ans, parce qu'elle parut en cinq cens dix-sept, & qu'elle
avoit encore paru cent trois ans auparavant. Ce sont des observations sur les-
quelles on n'a rien à dire, & il faut avoüer les faits : mais deux ou trois contin-
gens en bonne Philosophie ne concluent rien pour l'universel, & ce n'en est pas

aſſez pour aſſurer que leur cours ſoit reglé de l'avoir veu reglé quelquefois, puiſque pluſieurs cours reguliers ne ſuffiſent pas pour eſtablir cette propoſition , &
que c'eſt aſſez d'une ſeule irregularité pour la détruire.

En effet , il eſt impoſſible de raporter toutes les bizarreries qu'on remarque
dans le cours des Cometes. La Lune avec tous ſes changemens n'eſt pas ſi fantaſ-
que. Quelques Aſtronomes veulent qu'il en ait paru trois depuis la fin du mois
de Novembre dernier: d'autres qu'il n'en ait paru que deux. Ne s'en trouvera-il
point qui diſent auſſi qu'il n'en a paru qu'une ſeule ? Ce ne ſeroient peut-eſtre
pas les plus mal fondez , & j'en ſçais de tres habiles qui ſont de ce ſentiment.
Tout cela vient des infinis caprices de ces fantaſques planetes.

Je ne veux pourtant pas ſoûtenir qu'on ne puiſſe jamais rien marquer de
leurs cours. Mais aſſurement il eſt difficile de l'entreprendre ſans s'expoſer au
danger de recevoir un dementir de ces aſtres malins qui ont ſouvent puny de
cette maniere l'audace des plus fameux Aſtronomes ,& ces jours paſſez un de
nos plus illuſtres receut publiquement un pareil affront de cette derniere Comete que nous avons veuë. Comment eſt ce que le cours de ces aſtres vagabons
ſeroit reglé ; leur chemin eſt ſi tortu ? Ils ne font que ſauter d'un gouf-
fre dans un autre. Tantoſt ils traverſent d'un pas précipité un defilé
eſtroit , tantoſt ils ſe repoſent dans une campagne plus large , ſelon
qu'ils ſe trouvent dans les endroits où les tourbillons ſe touchent ou
dans les angles qu'ils laiſſent entre eux. Et qui empêche qu'ils ne ſoient
emportez ~~dans les endroits où les tourbillons ſe touchent~~ tantoſt
vers le Nort , tantoſt vers le Sud , & peut eſtre encore vers d'autres parties
du monde, ſelon la diſpoſition & la plus grande rapidité des tourbillons qu'ils ef-
fleurent ? Pour moy je ne veux rien decider; mais je ne ſçais ſi la regularité qu'on
trouve quelquefois dans leurs demarches ne devroit pas pluſtoſt eſtre apellée
une irregularité encore plus grande, comme on voit qu'un fou n'eſt jamais plus
bizare & plus ridicule dans ſa folie que lors qu'il contrefait le ſage.

Au reſte la qualité que doit avoir un ſiſtéme parmy des phenomenes ſi in-
certains, c'eſt de ſe trouver également conforme aux deux partis opoſés. La
qualité eſt difficile à avoir, & je ne ſçais ſi de quelque maniere qu'on pût imaginer
une hypoteſe, on en pouroit former une ſi propre à cela que l'eſt celle-cy :
tellement qu'en ſe déclarant pour elle , on peut garder la neutralité auſſi bien
que ſi on ne s'eſtoit déclaré pourquoy que ce ſoit.

Pour ce qui regarde la difficulté de ſçavoir ſi une Comete peut changer la dé-
termination de ſon cours & ſi elle n'oſe prendre la liberté de s'écarter de la
ligne droite, enfin ſi la Comete qui a paru vers l'Orient au mois de Novembre
dernier, & qui s'eſt enſuite plongée dans les rayons du Soleil , eſt la meſme que
celle qui a paru peu de temps aprés vers l'Occident, il n'y a perſonne qui puiſſe
mieux nous en éclaircir que les Aſtronomes du Nort , qui par l'obliquité de la
Sphere plus grande chez eux qu'en nos quartiers, peuvent avoir veu la Comete
durant le temps que le Soleil nous l'a dérobée.

Car lorſqu'une Comete & le Soleil ſe trouvent dans le meſme Meridien , ſi le
Soleil eſt par exemple dans le Trophique du Capricorne, & que la Comete ſoit
plus prés du Nort, les peuples du Nort peuvent voir cette Comete ou devant le
lever du Soleil. ou aprés le Soleil couché; au lieu que les peuples du Midy
ayant en ce temps là les jours plus grands, que non pas les peuples du Nort,

ne sçauroient voir la mesme chose; parce qu'à mesure que le pole artique est plus élevé, les cercles Septentrionaux ont un plus grand arc sur l'Horizon, que non pas les Meridionaux : & c'est ce qui fait aussi qu'il est plus rare de voir des Cometes l'esté que l'hiver : Parce que l'esté, le Soleil décrit des cercles Septentrionaux qui ont un fort grand arc sur l'Horizon & un tres petit dessous.

A mesure que la Comete degagée des vapeurs de l'Horizon par son mouvement propre s'éloigne du Soleil, sa quëue diminuë & sa teste augmente jusqu'à un certain éloignement; & ces 2 choses viennent, la premiere de ce que lors que la Comete s'éloigne du Soleil nous voyons une plus grãde partie de sa face éclairée. Et la seconde de ce que sa quëue se dresse d'autant plus à nostre égard, qu'elle s'éloigne plus du Soleil. Mais quand un certain éloignement est passé, & que la Comete est déja par delà son perigée, la teste & la quëue diminuent ensemble jusqu'à ce que tout disparoisse.

Si l'on voit quelquefois des trainées de feu semblables aux quëues des Cometes sans qu'il paroisse aucune Comete, c'est que les Cometes sont si proches du Soleil qu'on ne peut voir que leurs trainées, la teste estant obscurcie par la lumiere du Soleil, ou entierement ensevelie dans les vapeurs de l'Horison.

S'il paroist au contraire des Cometes sans barbes, ny quëues ni chevelures, c'est qu'estant moins grosses, & peut-estre fort peu montueuses, les tourbillons qu'elles excitent ne sont pas assez rapides pour bien separer par une forte impulsion les petites parties de la matiere où elles nagent d'avec les plus grosses, & pour ramasser celles-cy autour d'elles jusqu'à une estenduë assez considerable pour former un tourbillon qui puisse nous refléchir sensiblement la lumiere du Soleil.

Les grands tourbillons des Cieux estant disposez les uns sur les autres de differente maniere, il ne faut pas s'estonner si les Cometes qui roulent bizarrement entre les circonferences n'ont pas comme les autres planetes leurs routes tracées dans la largeur du Zodiaque, & si méprisant les chemins frequentez elles prennent plaisir à errer dans des détours inconnus, allant ainsi sans égard par tous les endroits du Ciel.

Si les Cometes tournoient chacune autour d'un seul tourbillon, & n'en embrassoient pas plusieurs à la fois dans leur periode, à aller du pas qu'elles vont elles en auroient bien-tost fait le tour, & la derniere qui a paru ne mettroit pas assurement cent trois ans à faire son orbe. Il est donc plus raisonnable de dire qu'elles n'achevent jamais de parcourir toute la circonference d'un tourbillon, & que c'est beaucoup mesme qu'elles en parcourent la troisiéme partie.

Enfin, il est si aisé d'expliquer par ce sistéme si simple & si naturel toutes les aparences des Cometes, qu'il ne semble pas que l'hypothese ait esté formée sur les Phenomenes, mais que les Phenomenes ont été formez sur l'hypothese mesme.

Des Presages & des effets des Cometes.

Apres avoir expliqué la formation des Cometes, & leurs plus considerables aparences, il ne reste plus qu'à examiner avec quel fondement on leur a depuis si long-temps attribué ces effets extraordinaires, & ces malheureux presages.

Il y a deux sentimens communs sur les effets des Cometes. Les uns pensent qu'elles en ont toûjours de facheux, que ce sont des avertissemens de la colere de Dieu, & que ces signes menacent les peuples & les puissances de la terre. Les autres se moquent de ce sentiment comme d'une terreur Panique, & disent que les Cometes estant des choses naturelles, & fort éloignées de nous, elles ne peuvent avoir sur nous aucun effet ny bon ny mauvais.

Quant à moy je croy que les uns & les autres se peuvent tromper également. Pour les premiers, comme leur erreur n'est qu'une vaine superstiton, afin de destruire leur fausse Religion par une Religion veritable, je leur objecteray ce passage de l'écriture, qu'un Matématicien dit autrefois à Loüis le Debonnaire épouvanté de l'aparition d'une Comete, *signa cæli ne timueritis*, N'aprehendez point les signes du Ciel. Et pour les seconds la mesme raison dont ils se servent pour montrer que les Cometes ne peuvent avoir aucun effet sur nous me servira icy pour prouver le contraire.

Ce sont, disent ils, des choses naturelles : donc elles n'ont aucun effet dans la nature. Et moy je dis, ce sont des choses naturelles, & par consequent il y a lieu de croire qu'elles peuvent avoir quelque effet bon ou mauvais dans la nature. Si c'estoit des choses surnaturelles ou spirituelles, je ne les craindrois point : mais sçachant que les corps agissent sur les corps, & que les choses naturelles ont une estroite liaison les unes avec les autres ; de ce que je voy que les Cometes sont de cette sorte, je prens de là occasion d'examiner si elles ne pourroient pas estre capables de quelque chose, & avoir sur moy quelque pouvoir.

Toutes les extremitez sont vicieuses : aller jusqu'à l'excez de croire que les Cometes assassinent les Princes & renversent les Etats, c'est les faire trop criminelles : soûtenir aussi qu'elles ne peuvent faire aucun mal, c'est les absoudre trop legerement. Pour moy j'aime mieux ne point passer pour un esprit si fort, & croire suivant ce que la Physique m'enseigne que les choses naturelles ont des effets naturels, & que tous les corps qui sont en mouvement peuvent agir sur les autres corps.

C'est pourquoy fondé sur toutes les aparences de vray-semblance qu'on peut avoir dans ces sortes de sujets, je m'imagine que les Cometes troublant la pureté de nostre air par une mélange de matiere grossiere que la nature avoit reléguée comme une lie à l'extremité des tourbillons & a laquelle, nos corps ne sont pas proportionez, peuvent causer de méchans effets sur les corps terrestres, nuire à la santé, alterer les fruits, & faire mesme quelque impression sur les esprits en en faisant sur le sang. Diray-je qu'en hyver ces sortes d'influences peuvent augmenter le froid & en esté la chaleur : la saison ne me dementiroit point, ny peut-estre la nature. Car en effet les matieres grossieres estant une fois échauffées ont beaucoup plus de chaleur que les matieres subtiles, d'où vient que le fer rouge brule bien plus que la flamme d'esprit de vin, & tout de mesme aussi les matieres grossieres estant plus difficiles à ebranler ne sçauroient manquer d'augmenter le froid & le repos, lors qu'il n'y a pas de force pour les émovoir.

Pour ce qui regarde les Princes qu'on dit estre particulierement menacez, il y a apparence que n'estant pas plus mortels que le commun des hommes, ils n'ont pas plus de sujets d'aprehender que tous ceux sur lesquels les malignes influences d'un astre peuvent tomber, si ce n'est que leur extreme delicatesse les rendist plus sensibles à ces impressions. Cependant s'il y avoit beaucoup à craindre, un pauvre berger qui est toute la journée exposé à l'air au milieu d'une câpagne,

pagne, me sembleroit bien plus en danger qu'un Roy qui a de quoy se deffendre contre les injures du temps.

Que quand les Cometes presageroient des mal-heurs aux Princes & aux Estats, la France ne devroit rien craindre.

Au reste quand je me tromperois en disant que les Cometes ne menacent ny les Souverains ny les Republiques, & quand la superstitieuse tradition des Anciens devroit l'emporter en cette rencontre pardessus nos plus justes raisonnemens, il est constant du moins que pour nous la Comete ne sçauroit estre un mauvais présage.

Car comme par une vicissitude continuelle, le renversement d'un Estat est d'ordinaire le fondement de l'élevation d'un autre ; Il semble que si le Ciel ne menace pas tout l'univers à la fois, il ne sçauroit faire craindre sa colere à quelque peuple, sans donner en mesme temps à quelque autre des témoignages de sa protection. Si cela est, à juger sainement, qui doit apprehender, de nous ou de nos ennemis ? Certainement si la nature ne se dément pas, & si la puissance qui regle & qui dispose si bien toutes choses, observe elle mesme dans sa conduite quelque regle & quelque ordre sur lequel on puisse conter, nous avons tous les sujets du monde de nous réjoüir & de nous promettre mille grandeurs nouvelles à l'aspect d'un prodige dont l'univers doit estre estonné. Toutes les circonstances qui l'accompagnent ne nous aprennent elles pas assez que c'est en nostre faveur que tous ces traits se preparent ? Et le bonheur qui n'abandonne jamais nostre Invincible Monarque, & qui est comme naturellement attaché à son auguste personne, ne nous est il pas garant de la tranquilité où nous devons demeurer au milieu des plus universelles allarmes ? Aurions nous tellement oublié le passé que nous ne nous souvinssions déja plus de la maniere dont il nous a tenus dans le calme heureux de la Paix la plus profonde, pendant que l'horreur & l'épouvante estoit repanduë par toute la Terre ? Sa pieté, sa justice, sa prudence, sa valeur, sa bonté, & toutes les autres vertus qui forment en luy le plus grand & le plus accompli de tous les Heros, ne sont ce pas des présages authentiques de sa gloire : & combien n'avons nous pas déja éprouvé la verité de leurs promesses ? Ces prodiges sont des signes bien plus assurez que tous les prodiges des Cieux. Enfin si les influences du Soleil sont si heureuses qu'elles sont capables de corriger les influences les plus malignes, qu'avons nous à craindre nous qui avons continuellement sur nous les regards favorables d'un Soleil, à la force duquel il n'y a rien qui soit capable de resister, & dont on peut dire veritablement, aussi bien à l'égard des signes du Ciel qu'à l'égard des puissances de la terre, NEC PLVRIBVS IMPAR?

A PARIS,

Chez JEAN CVSSON, ruë Saint Jacques, à l'Image de Saint Jean Baptiste.

M. DC. LXXXI.

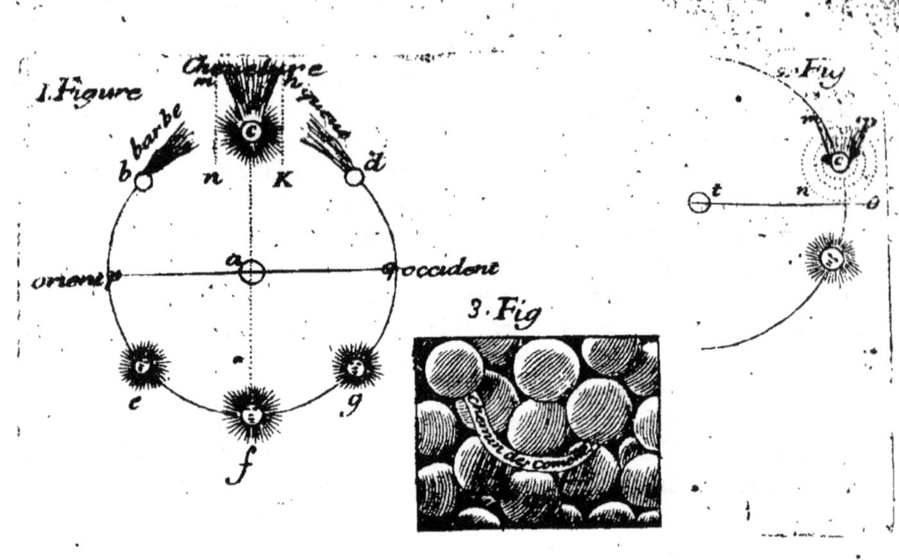

1. Figure
Cheuelure
barbe
b
d
n K
orient
occident
a
e
f
g
3. Fig
Cheuelure? Coma?
2. Fig
t
n
o